Bibliografische Information der Deutschen Nationalbibliothek:

Die Deutsche Bibliothek verzeichnet diese Publikation in der Deutschen Nationalbibliografie; detaillierte bibliografische Daten sind im Internet über http://dnb.d-nb.de/ abrufbar.

Impressum:

Druck und Bindung: Books on Demand GmbH, Norderstedt Germany
ISBN: 9783668832169

Dieses Buch bei GRIN:

https://www.grin.com/document/448635

Magdalena Koschmieder

Aus der Reihe: e-fellows.net stipendiaten-wissen

e-fellows.net (Hrsg.)

Band 2898

Ökosystemdienstleistungen von Mooren

GRIN Verlag

Katholische Universität Eichstätt-Ingolstadt
Fachbereich Geographie
Lehrstuhl/Professur für Physische Geographie
Seminar Physische Geographie 3: Landschaftsökologie
Wintersemester 2017/18

Ökosystem-dienstleistungen von Mooren

Koschmieder Magdalena
B. Sc. Geographie
3. Semester

Abgabetermin: 31.01.2018

I Inhalt

II Abbildungsverzeichnis

1 Das Moor – Mythos oder Nutzen?

Seit Jahrhunderten ranken sich Mythen um die Moore. Schaurige Gruselgeschichten erzählen von Menschen, die von Irrlichtern ins Moor geführt werden und dort jämmerlich versinken, um niemals wieder gesehen oder Jahre später als Moorleichen entdeckt zu werden. Auch Hexen und böse Geister sollen sich dort herumgetrieben haben. So hat der Mensch von jeher keine gute Beziehung zum Moor, da es für ihn Angst und Gefahr bedeutet. Jedoch hat er irgendwann erkannt, dass es auch von Nutzen für ihn sein kann und hat begonnen, Torf abzubauen. Die Moore bieten aber weitaus mehr Vorteile als auf den ersten Blick zu erkennen ist. Diese sollen in dieser Arbeit nach einer allgemeinen Darstellung der Moore erläutert werden, damit ersichtlich wird, welche Bedeutung sie für uns haben und warum es daher wert ist, die Moore zu schützen.

2 Moore im Allgemeinen

2.1 Definition von Moor

Nach KAULE et al. (1990: 2) gilt „[i]n der Geologie […] eine mindestens 30 cm starke Schicht oder Schichtabfolge von Torfen (gegebenenfalls mit Beteiligung von Mudden)“ als Moor. Dabei besteht Torf aus Pflanzenresten, die nicht ganz zersetzt worden sind, da der Moorboden sehr nass ist und wenig Luft durchlässt. Zudem herrscht in Hochmooren ein niedriger pH-Wert, was den Zersetzungsvorgang zusätzlich erschwert (vgl. KAULE et al. 1990: 2). Die Torfstapelung an sich stellt einen sedentären Prozess dar, das bedeutet, das Pflanzenmaterial ist dort abgestorben, wo es entstanden ist, und ist nie wegtransportiert worden (vgl. SUCCOW & JOOSTEN 2001: 2). Mudden dagegen entstehen durch sedimentäre Prozesse, wobei Pflanzenreste in stehenden Gewässern akkumuliert werden (vgl. KAULE et al. 1990: 2).

Ein wichtiges Kennzeichen von Mooren ist ihre Kohlenstoffbilanz, die auf lange Sicht gesehen positiv ausfällt. Dies rührt daher, dass mehr organisches Material hergestellt wird als abgebaut werden kann. Dieser Überschuss zeigt sich in der Akkumulation von Torf.

Auf der Erde sind in etwa vier Millionen Quadratkilometer von Mooren bedeckt. Das entspricht einem Anteil von circa drei Prozent der Landoberfläche (vgl. SUCCOW & JOOSTEN 2001: 2). Wie man in Abbildung 1 erkennt, findet man Moore vor allem in der borealen Zone und den Mittelbreiten sowie in den Tropen – dort, wo ganzjährig genügend Wasser vorhanden ist. In Wüsten- und Polargebieten dagegen reicht die Wassermenge nicht aus, um Torf zu bilden.

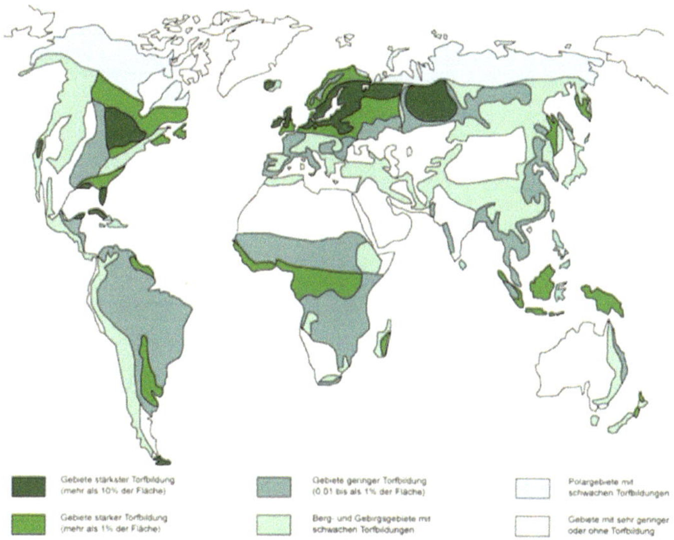

Abbildung 1: Verbreitung der Moore auf der Erde

Quelle: SUCCOW & JESCHKE 1990

2.2 Moorarten

Hinsichtlich ihrer unterschiedlichen Eigenschaften in Bezug auf das sie nährende Wasser kann man grundsätzlich zwischen zwei Moorarten unterscheiden – das Hoch- und das Niedermoor. Sie zeichnen sich durch ihren spezifischen Wasserchemismus, ihre Wasserbewegung und den Wasserstand aus. Entscheidend ist jedoch vor allem die verschiedene Herkunft des Wassers (vgl. KAULE et al. 1990: 3 ff.). Neben dem Wasser als Unterscheidungsfaktor gibt es noch zahlreiche andere Möglichkeiten, Moore zu differenzieren, zum Beispiel den Nährstoffgehalt, den pH-Wert, die Topographie oder die Entwicklungsgeschichte (vgl. KÖBBING et al. 2012: 13).

Im Folgenden wird nur auf die Differenzierung durch die Herkunft des Wassers eingegangen.

2.2.1 Niedermoor

Der Wasserchemismus des Niedermoors (englisch: fen) ist minerotroph, was bedeutet, dass es sein Wasser und die Nährstoffe aus dem Grundwasser zieht. Es entsteht auf nährstoffreichen Böden oder bei der Verlandung eutropher Gewässer. Dadurch, dass viele Nährstoffe vorhanden sind, kann sich eine artenreiche Vegetation ausbilden, die von Gräsern über Kräuter bis zu größeren Sträuchern reicht. Daher ist auch der Niedermoortorf nährstoffreich. Allerdings wird relativ wenig Torf produziert, da abgestorbene Pflanzen durch den Sauerstoff im Wasser eher abgebaut werden. Die Oberfläche eines Niedermoors ist flach oder leicht konkav geformt, so dass sich Wasser in der Muldenform ansammeln kann. Das kennzeichnende Merkmal von Niedermooren ist, dass sie nicht direkt vom Regen abhängig sind, sondern ihr Wasser aus dem Grundwasser ziehen. Dies kann auf drei Arten geschehen. Versumpfungsniedermoore entstehen, wenn auf Talsohlen oder in Mulden das Grundwasser ansteigt und somit den Boden durchfeuchtet. Sie sind an die Topographie des Gebiets gebunden und werden daher als topogene Moore bezeichnet. Verlandungsniedermoore dagegen bilden sich, wenn sich das Wasser aus Teichen oder Seen zurückzieht und einen durchnässten Boden hinterlässt. Die dritte Möglichkeit der Niedermoorbildung erfolgt durch Quellen. Dabei sammelt sich Quellwasser in einer Mulde direkt an einer Quelle (Quellniedermoore) oder unterhalb einer Quelle am Hang (soligene Hangniedermoore) an (vgl. KAULE et al. 1990: 7).

2.2.2 Hochmoor

Im Gegensatz zum Niedermoor ist das Hochmoor (englisch: bog) ombrotroph; es wird also allein durch Niederschläge gespeist (vgl. KAULE et al. 1990: 7). Zudem ist es oligotroph und mäßig sauer (vgl. KÖBBING et al. 2012: 13). Der Grund hierfür liegt im Regenwasser, das kaum Nährstoffe enthält und einen niedrigen pH-Wert aufweist. Aufgrund der Nährstoffarmut ist die Vegetation bei Weitem spärlicher als in Niedermooren und die Pflanzen, die dort wachsen, sind speziell an die Umweltbedingungen angepasst. Beispiele für Hochmoorpflanzen sind die Moosbeere, schmalblättrige Riedgräser und Zwergsträucher wie Heidekraut. Die Oberfläche ist konvex geformt und erhebt sich einige Meter über den Mineralboden, da der Torf hoch aufgestapelt ist. Dies rührt daher, dass die Biomasse aufgrund von Sauerstoffmangel und einem niedrigeren pH-Wert des Wassers schlecht abgebaut wird und sich ablagert. Auch bei den Hochmooren kann man zwischen verschiedenen Arten differenzieren. Wurzelechte Hochmoore bilden sich, wenn feuchter Boden, der Wasser schlecht durchlässt, stark vernässt. Man nennt sie daher auch Versumpfungshochmoore. Nicht wurzelechte Hochmoore dagegen entstehen aus Verlandungsniedermooren, wenn sich der Torf hoch aufstapelt (vgl. KAULE et al. 1990: 7).

2.2.3 Zwischen- oder Übergangsmoor

Das Übergangsmoor beziehungsweise Zwischenmoor stellt eine Zwischenform zwischen Nieder- und Hochmoor dar und ist daher ombrominerotroph, also sowohl von Niederschlägen als auch durch Grundwasser gespeist (vgl. KAULE et al. 1990: 3). Dies bedeutet, dass sich Hochmoore im Verlauf von Jahrzehnten oder Jahrhunderten aus Niedermooren entwickeln. Dabei nimmt die Höhe des akkumulierten Torfes immer mehr zu bis das Torfmoos, die charakteristische Moorpflanze, schließlich keinen Kontakt mehr zum Grundwasser hat und nur noch auf Niederschläge angewiesen ist. Während dieses Stadiums spricht man daher von Übergangsmooren, die Eigenschaften sowohl von Hoch- als auch von Niedermooren aufweisen wie beispielsweise eine gemischte Vegetation (vgl. HEYER & SCHAUMBERG 2014: 352).

3 Ökosystemdienstleistungen von Mooren

Nach dem MILLENNIUM ECOSYSTEM ASSESSMENT aus dem Jahr 2005 sind Ökosystemdienstleistungen „Leistungen, die Menschen von Ökosystemen erhalten. Diese umfassen Versorgungsdienstleistungen wie Nahrung und Wasser, Regulationsdienstleistungen wie Schutz vor Hochwasser, Trockenheit, Bodendegradation und Krankheiten, Basisdienstleistungen wie Bodenbildung und Nährstoffkreisläufe, sowie kulturelle Dienstleistungen wie Erholung, spirituelle, religiöse und andere nichtmaterielle Leistungen“ (Infoportal Moorschutz in Deutschland o. J.). „Ein Ökosystem [wiederum] ist ein Wirkungsgefüge von Lebewesen und deren anorganischer Umwelt, das zwar offen, aber bis zum gewissen Grade zur Selbstregulation befähigt ist“ (SCHMITT et al. 2012: 126 zit. nach ELLENBERG 1973). Im Folgenden sollen die Dienstleistungen des Ökosystems Moor dargestellt werden. Dabei wird eingegangen auf die Regulationsdienstleistungen als Kohlenstoff- und Wasserspeicher, die Versorgung durch die Torfnutzung,

Basisdienstleistungen wie die Erhaltung der Biodiversität und den Nährstoffhaushalt sowie einige kulturelle Dienstleistungen.

3.1 Kohlenstoffspeicher

Eine der wichtigsten Ökosystemdienstleistungen von Mooren ist die Speicherung von Kohlenstoff. In den Mooren der Welt sind insgesamt circa 430 bis 550 Gigatonnen Kohlenstoff festgelegt, was entscheidend zum Klimaschutz beiträgt (vgl. KÖBBING et al. 2012: 1). Dies entspricht einem Anteil von 30 Prozent am Kohlenstoff, der von allen Landökosystemen zusammen eingelagert wird, sowie drei Vierteln des atmosphärischen Kohlenstoffs. Außerdem ist dies die doppelte Menge wie alle Wälder der Welt in ihrer Biomasse besitzen, was im Verhältnis zur Bedeckung der Landoberfläche von drei Prozent eine beträchtliche Größe ist. Die Speicherung erfolgt durch die Einlagerung von Kohlenstoffdioxid, das in der Photosynthese gebunden wird (vgl. RELLER & DIEßENBACHER 2014: 317 f.).

Abbildung 2 stellt modellhaft den Kohlenstoffkreislauf eines Moores dar, der wie folgt abläuft: Bei der Photosynthese nehmen die Pflanzen Kohlenstoffdioxid aus der Luft auf und verwenden es zum Aufbau von Biomasse. Dabei gelangt Kohlenstoff in den Boden. Hier wird in zwei Schichten Torf gebildet. Die obere, das Acrotelm, das sich direkt unter der Bodenoberfläche befindet, enthält Sauerstoff. Dort wird die Biomasse unter aeroben Bedingungen mithilfe von Bakterien und der Bodenvegetation abgebaut und es entsteht Kohlenstoffdioxid. Durch die hohe Wasserdurchlässigkeit und das Vorhandensein von Sauerstoff in dieser Schicht ergibt sich eine mittlere Verwesungsrate. Die Biomasse, die nicht zersetzt wird, wird abgelagert und gelangt so in die untere Schicht, das Catotelm. Diese Schicht enthält kaum Sauerstoff und weist eine geringe hydraulische Leitfähigkeit auf, so dass die Verwesungsrate eher klein ist. Zudem entsteht durch den anaeroben Abbau von organischer Substanz vor allem Methan, welches – genau wie das Kohlenstoffdioxid – wieder in die Atmosphäre entweicht. Die Grenze zwischen dem Acrotelm und dem Catotelm entspricht in etwa dem minimalen Wasserstand im Sommer, der sich – in Abhängigkeit vom Moortyp – circa 10-50 cm unter der Oberfläche befindet.

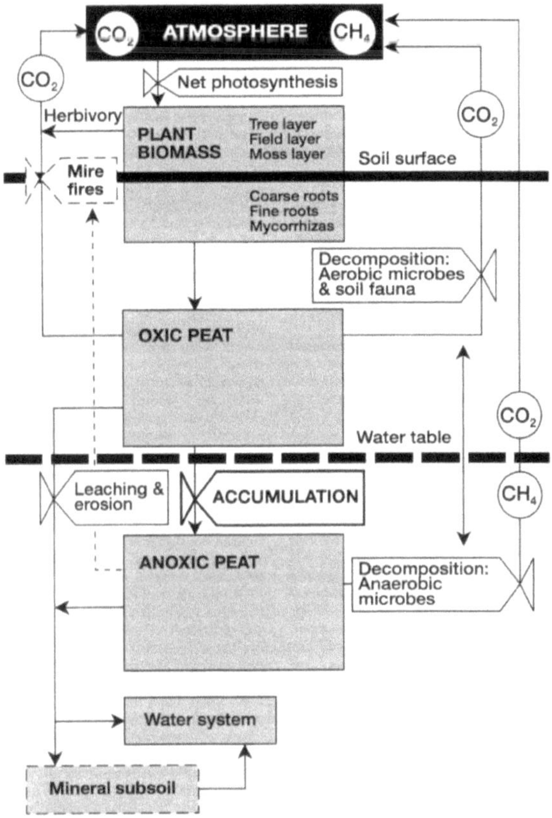

Abbildung 2: Schematische Darstellung des Kohlenstoffkreislaufs im Moor

Quelle: TURUNEN 1999: 8

Es kann auch zu Verlust von Kohlenstoff kommen. Dies ist der Fall, wenn Kohlenstoff aus den Torfschichten ausgewaschen wird und so ins Grundwasser versickert oder sich im mineralischen Unterboden einlagert. Zudem entsteht sowohl bei der Zellatmung als auch bei Moorfeuern Kohlenstoffdioxid, was aber in die Atmosphäre entweicht und so dem Kreislauf wieder zugeführt wird (vgl.TURUNEN 1999: 7 ff.). In natürlichen Mooren erfolgt eine Torfakkumulation, da mehr Biomasse produziert wird als abgebaut wird. Diese beträgt rund einen Millimeter pro Jahr (vgl. TURUNEN 1999: 7 ff.; JOOSTEN 2016: 19).

3.2 Torfnutzung

Der Torf ist den Menschen vor allem als Brennmaterial von Nutzen. Jedoch ist es zum Abbau von Torf nötig, das Moor zu entwässern. Dies hat zur Folge, dass das Moor stirbt (vgl. GÖTTKE-KROGMANN 1994: 24). Auf die Prozesse dabei und Alternativen wird in Kapitel 3 näher eingegangen.

Grundsätzlich gibt es zwei Arten von Torf: den Schwarztorf und den Weißtorf.

Abbildung 3: Torfschichten

Quelle: Aktion Moorschutz 2017, leicht verändert

Der Schwarztorf ist deutlich bekannter und wird neben der Nutzung als Brennstoff auch beim Ausbrennen von Whiskeyfässern benutzt. Er wird aus den unteren, stärker zersetzten Torfschichten gewonnen und weist eine sehr dunkle Farbe auf, wie in Abbildung 3 zu sehen ist. In früheren Zeiten musste der Torf von Hand gestochen werden, heute erledigen dies Maschinen. Außerdem erfolgt vor dem Verbrennen eine Trocknung durch Sonne und Wind (vgl. GÖTTKE-KROGMANN 1994: 26 ff.). Der Torf als Brennmaterial ist von besonderer Bedeutung für die Länder Finnland, Irland, Russland, Weißrussland und Schweden, da vor allem hier Torf zur Verfügung steht. Seit 1995, als Schweden und Finnland der Europäischen Union beigetreten sind, beziehungsweise mit dem Kyoto-Protokoll im Jahr 2005 erfährt die Torfindustrie einen zunehmenden Lobbyismus. Dabei wird Torf als „erneuerbarer Biobrennstoff" angepriesen. Jedoch entsteht bei der Torfverbrennung weit mehr Kohlenstoffdioxid als bei anderen fossilen Energieträgern, beispielsweise 45 Prozent mehr als bei Heizöl. Dieses Kohlenstoffdioxid wäre im Moor gespeichert geblieben und wird so freigesetzt. Außerdem wird das Moor durch den Torfabbau geschädigt und kann nicht mehr weiter wachsen, so dass man wohl kaum von einem „erneuerbaren Biobrennstoff" sprechen kann (vgl. JOOSTEN 2016: 35 ff.).

Der Weißtorf dagegen besteht aus den oberen, neueren Torfschichten und ist heller als der Schwarztorf (vgl. Abb. 3). Er ist ab dem 20. Jahrhundert vor allem als Einstreu in Ställen verwendet worden und dient heute im Gartenbau zur Auflockerung des Bodens und als Dünger. Auch die chemische und pharmazeutische Industrie sowie die Medizin und das Bäderwesen nutzen den Weißtorf (vgl. GÖTTKE-KROGMANN 1994: 24).

3.3 Wasserspeicher

Ebenfalls von Vorteil ist die Wasserspeicherfähigkeit der Moore und zwar sowohl für den Menschen als auch für das Moor selbst. Dadurch, dass das ganze Jahr über viel Wasser vorhanden ist, entspricht die reale Verdunstung nahezu der potenziellen Verdunstung. Es gibt einige Mechanismen, die die Verdunstung im Moor regeln. So verdunstet Wasser aus dem Moor in die Luft, wobei der Wassergehalt in der Luft steigt. Wenn diese Luft dann nicht abtransportiert wird, sinkt das Sättigungsdefizit der Luft und es wird weniger verdunstet. Vor allem in Hochmooren, die von Niederschlägen abhängig sind, gibt es auch Rückkopplungsmechanismen, die den Wasserhaushalt des Moores selbstständig regeln. Dabei senkt sich bei starker Verdunstung der Wasserstand im Moor ab, so dass die Kapillarkräfte, die das Wasser im Boden nach oben ziehen, abreißen. Dadurch wird die Verdunstung verringert und das Moor vor Austrocknung geschützt. Dabei können die Pflanzen, die auf dem Moorboden wachsen, kein Wasser aufnehmen, weil sie nur flache Wurzeln haben. Diese reichen dann nicht bis zum Wasser, weswegen die Pflanzen xeromorph sind, das heißt an Trockenheit angepasst (vgl. WAHREN et al. 2016: 102).

Für den Menschen dient das Moor auch als Schutz vor Hochwasser. Abbildung 4 zeigt in Rot die Abflusskurve eines Starkregenereignisses. In Grün ist die Abflusskurve bei der Speicherung durch ein Moor dargestellt. Indem die Vegetation und der Moorboden selbst das Wasser aufnehmen, wird der Abfluss gedämpft und verzögert (vgl. HEYER & SCHAUMBERG 2014: 356). Weil das Moor sich wie ein Schwamm verhält, kann Wasser, das in Feuchtezeiten aufgenommen worden ist, in Trockenperioden auch wieder abgegeben werden (vgl. MALTBY & ACREMAN 2011: 1351).

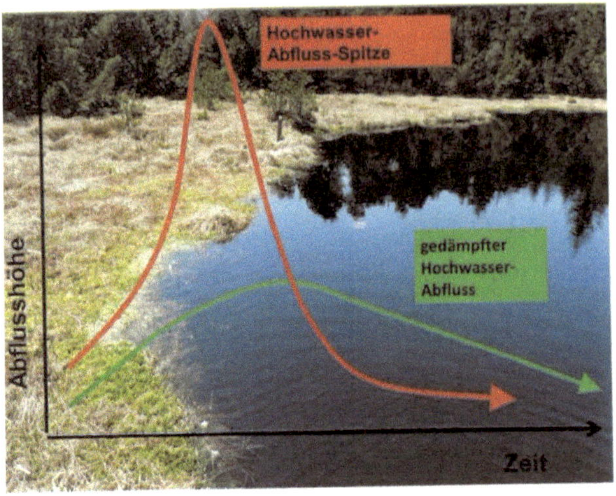

Abbildung 4: Abflusskurve im Moor (grün) und ohne Speicherung (rot)

Quelle: HEYER & SCHAUMBERG 2014: 356

3.4 Biodiversität

Ein weiterer wichtiger Aspekt von Mooren ist ihre Fähigkeit zur Erhaltung der Biodiversität, denn in Mooren leben viele Tier- und Pflanzenarten, die vom Aussterben bedroht sind. Dabei beheimatet das Niedermoor mehr Arten als das Hochmoor (vgl. Infoportal Moorschutz in Deutschland o. J.).

In den Hochmooren herrschen eher widrige Lebensumstände wie eine hohe Torfaufschichtung und dadurch fehlender Kontakt zum Grundwasser, nährstoffarmes Regenwasser sowie ein saures Milieu. Diese Faktoren machen eine Anpassung der Lebewesen unabdingbar und bilden so die charakteristische Flora und Fauna der Hochmoore. Die klassische Hochmoorpflanze ist das Sphagnum, ein Torfmoos, das keine Wurzeln besitzt (Abb. 5). Das Torfmoos macht den Moorboden sauer und schafft sich so seinen optimalen Lebensraum selbst. Es hat keine Wurzeln, sondern verfügt über die Fähigkeit, Wasser zu speichern, da – besonders bei Absenkung des Wasserspiegels in Trockenzeiten – kein Wasser aus dem Boden gezogen werden kann. Dies führt dazu, dass ein gesundes Hochmoor einen Wassergehalt von mehr als 90 Prozent besitzen kann.

Abbildung 5: Torfmoos (Sphagnum)

Quelle: Moorland o. J.

Während sich das Sphagnum an den Wassermangel in Trockenperioden angepasst hat, ist für einige Pflanzen der Nährstoffmangel ein Problem. Jedoch können Fleischfressende Pflanzen wie der Rundblättrige Sonnentau (Drosera Rotundifolia, Abb. 6) dem Abhilfe schaffen. An seinen Blättern befinden sich Drüsenhaare, an denen klebrige Tropfen hängen, die wie Tau oder Nektar aussehen und Insekten anlocken. Diese bleiben jedoch daran kleben und werden nach dem Schließen der Blätter von der Pflanze verdaut. Dadurch kann der Rundblättrige Sonnentau Stickstoff aus der Beute ziehen und so den Nährstoffmangel im Regenwasser ausgleichen.

Abbildung 6: Rundblättriger Sonnentau (Drosera Rotundifolia)

Quelle: Austria-Forum 2016

Eine andere Pflanze, die sowohl in Hoch- als auch in Niedermooren zu finden ist, ist das Wollgras (Eriophorum, Abb. 7), das neben dem Torfmoos der bedeutendste Torfbildner der Moore ist. Die bauschigen weißen Kugeln, die im Bild zu sehen sind, sind die Früchte des Wollgrases. Diese sind früher als Kissenfüllung verwendet worden. Der Fasertorf, der aus den Blattscheiden des Wollgrases gewonnen wird, ist auch für Spinnwaren oder zu Pappe verarbeitet worden. Zum Verfüttern an Tiere ist das Wollgras jedoch gänzlich ungeeignet.

Abbildung 7: Wollgras (Eriophorum)

Quelle: Geo 2017

Die Moore sind nach der Eiszeit entstanden, als die Gletscher abgeschmolzen sind und durchnässte Flächen hinterlassen haben. Diese Flächen erwärmen sich aufgrund der hohen Wärmekapazität des Wassers deutlich langsamer als die Umgebung, weshalb die Moore ein eigenes, kühles Mikroklima aufweisen. Daher beherbergen die Moore einige Lebewesen, die kühlere Klimate bevorzugen und in der Eiszeit ansässig gewesen sind, sogenannte Eiszeitrelikte. Dazu gehören Pflanzen wie die Moltebeere (Rubus chamaemorus, Abb. 8), die eigentlich in der subarktischen Tundra vorzufinden ist. Auch zahlreiche Hochmoor-Schmetterlinge leben in den Mooren, zum Beispiel der Moosbeeren-Scheckenfalter beziehungsweise Hochmoor-Perlmutterfalter (Boloria aquilonaris, Abb. 9), der sich von Moosbeeren ernährt, die nur in Mooren vorkommen.

Abbildung 8: Moltebeere (Rubus chamaemorus)

Quelle: Wikipedia 2006

Abbildung 9: Moosbeeren-Scheckenfalter bzw. Hochmoor-Perlmutterfalter (Boloria aquilonaris) auf Moosbeere (Vaccinium)

Quelle: Fokus Natur 2014

Eine andere Ordnung der Insekten dient als Indikator für die Veränderung des Gesundheitszustands und der ökologischen Qualität eines Moores – die Libellen. Diese können sich nur in bestimmten Wassertypen entwickeln und reagieren sehr empfindlich auf Veränderungen, so dass man beispielsweise an ihrem Verschwinden sehen kann, wenn sich die Wasserqualität eines Moores verschlechtert.

Auch zahlreiche Vögel sind in den Mooren beheimatet. Da es dort aber keine oder nur kaum Bäume gibt, sind dies Vögel, die am Boden brüten und sich auch sonst an die natürlichen Gegebenheiten angepasst haben. Der Große Brachvogel (Numenius arquata, Abb. 10) beispielsweise besitzt einen langen gebogenen Schnabel. Damit stochert er im Boden nach Würmern und Insekten.

Abbildung 10: Großer Brachvogel (Numenius arquata)

Quelle: SCHLOTTMAN 2009

Zudem findet man Singvögel, Schnepfenvögel und sogar Greifvögel. Besonders hervorzuheben ist dabei die Sumpfohreule (Asio flammeus, Abb. 11). Diese lebt in baumfreien Landschaften und ist die einzige Eulenart, die am Boden brütet und nicht in Bäumen.

Abbildung 11: Sumpfohreule (Asio flammeus)

Quelle: BRODOWSKI o. J.

Einer der typischsten Moorvögel ist jedoch das Birkhuhn (Lyrurus tetrix, Abb. 12). Es lebt in Hochmoorrandbereichen, dort, wo sich eine Birkenverbuschung findet. Allerdings verschwinden die Birkhühner zunehmend, da die Birken entfernt werden und somit ihr optimaler Lebensraum (vgl. GERJETS 1994: 36 ff.).

Abbildung 12: Birkhuhn (Lyrurus tetrix)

Quelle: Lüneburger Heide GmbH o. J.

Die Niedermoore dagegen sind deutlich artenreicher als die Hochmoore, da hier keine extreme Anpassung notwendig ist. Wenn sie extensiv genutzt werden, sind sie sogar unter den artenreichsten Lebensräumen Bayerns. Sie sind beispielsweise Lebensraum vieler gefährdeter Pflanzenarten wie Orchideen und Enziane. Außerdem beherbergen sie zahlreiche Heuschrecken, Schmetterlinge und Vögel (vgl. HEYER & SCHAUMBERG 2014: 355). Geprägt wird die Fauna vor allem durch Röhrichte sowie Klein- und Großseggen. Es gibt aber auch einige Sträucher und sogar Bäume wie die Moorbirke, die Fichte, die Erle oder die Weide, die dafür bekannt ist, in Wassernähe zu wachsen. Wie auch im Hochmoor findet man Wollgräser und zusätzlich Pfeifengras (Molinia caerulea, Abb. 12) (vgl. HEYER & SCHAUMBERG 2014: 351).

Abbildung 13: Pfeifengras (Molinia caerulea)

Quelle: Myheimat o. J.

Die Flora und Fauna der Zwischen- beziehungsweise Übergangsmoore ist im Großen und Ganzen eine Mischung aus den Pflanzen und Tieren der Hoch- und Niedermoore. Speziell findet man dort beispielsweise die Strauchbirke (Betula humilis, Abb.13), ein Eiszeitrelikt und den Fieberklee (Menyanthes trifoliata) (vgl. HEYER & SCHAUMBERG 2014: 352).

Abbildung 14: Strauchbirke (Betula humilis)

Quelle: MOESER 2009

Besonders in den Hochmooren findet man also viele Arten, die sich sehr speziell an ihren Lebensraum angepasst haben, um zu überleben. Durch diese Anpassung ist ein Leben aber nur noch dort möglich. Daher ist es wichtig, die Moore zu erhalten, da diese Tiere und Pflanzen ohne den Lebensraum Moor sterben (vgl. GERJETS 1994: 55).

3.5 Nährstoffhaushalt

Eine weitere Funktion der Moore ist ihre Fähigkeit zur Speicherung von Nährstoffen. Sie filtern gewissermaßen das Wasser und werden daher auch als „Niederen der Landschaft" bezeichnet (vgl. HOLSTEN & TREPEL 2016: 106; vgl. CLARKSON et al. 2013: 194). Dabei werden die Nährstoffe entweder zurückgehalten und gespeichert oder über biogeochemische Abbauprozesse zerlegt. Im Großen und Ganzen geht es hierbei um zwei Stoffe: Stickstoff und Phosphor. Letzterer wird durch Sedimentation zurückgehalten, der Stickstoff in biogeochemischen Prozessen aus Stickstoffverbindungen umgewandelt. Der Phosphorrückhalt findet nur in überflutungsgeprägten Mooren vor allem in Flusstalmooren statt, seltener in Verlandungsmooren. Dabei setzt sich durch den Wasserzufluss eingetragener Phosphor am Boden ab und wird sedimentiert. Beim Stickstoff läuft der Prozess der Denitrifikation beziehungsweise Denitrifizierung ab, im Laufe dessen Stickstoff, der in Nitrat (NO_3^-) gebunden ist, zu molekularem Stickstoff (N_2) umgewandelt wird (vgl. HOLSTEN & TREPEL 2016: 106). In dieser Reduktion wird zuerst Nitrat (NO_3^-) zu Nitrit (NO_2^-) umgewandelt. Im zweiten Schritt erfolgt dann die eigentliche Denitrifikation, wobei das Nitrit erst zu Stickstoffoxid (NO), dann nach und nach zu Distickstoffmonoxid (N_2O Lachgas) veratmet wird. Im letzten Schritt wird das Lachgas dann zu molekularem Stickstoff (N_2) reduziert (Abb. 14) (vgl. ZUMFT 1997: 535).

Abbildung 15: Prozess der Denitrifikation (eigene Darstellung)

Wenn die Denitrifikation unvollständig abläuft, hört der Prozess nach der Lachgasentstehung auf und das starke Treibhausgas entweicht in die Atmosphäre. Beeinflusst wird der Vorgang der Denitrifikation durch die vorherrschende Temperatur, den pH-Wert des Wassers und die Verfügbarkeit von Nitrat und Kohlenstoffverbindungen, welche bei der Reaktion als Elektronendonatoren dienen. Dies bedeutet, dass ein starkes Vorhandensein von Kohlenstoff in Mooren den Nitrat-Eintrag in Gewässer verringert (vgl. HOLSTEN & TREPEL 2016: 106).

3.6 Kulturelle Dienstleistungen

Im Millennium Ecosystem Assessment werden kulturelle Dienstleistungen von Ökosystemen als „Erholung, spirituelle, religiöse und andere nichtmaterielle Leistungen“ (Infoportal Moorschutz in Deutschland o. J.) definiert. CLARKSON et al. zeigen in ihrem Artikel „Wetland ecosystem services“ (2013) dafür folgende Aspekte auf, die durch eigene Beispiele ergänzt worden sind.

Ein Faktor ist dabei der pädagogische Zweck von Mooren. Im Haus im Moos in Kleinhohenried im Landkreis Neuburg-Schrobenhausen beispielsweise kann man sich über die Besiedelung des Donaumooses und das Donaumoos selbst informieren sowie einen Einblick in andere relevante Themen wie Imkerei, Jagd und ein Wisentprojekt gewinnen (vgl. Stiftung Donaumoos Freilichtmuseum und Umweltbildungsstätte o. J.). Ein zweiter, besonders wichtiger Aspekt ist die Bedeutung von Mooren für die Freizeit, die Erholung und den Tourismus. Wenn man sich zum Beispiel das Dartmoor im Südwesten Englands ansieht, erkennt man einen für Besucher gut erschlossenen Nationalpark, der trotzdem noch Natur sein darf. Neben einigen Besucherzentren und Museen gibt es auf den 954 km² Fläche auch Fernwanderwege, wo Wildcampen erlaubt ist (vgl. Dartmoor

National Park Authority 2017). Aber das Dartmoor zieht nicht nur aufgrund seiner Natur Touristen an. Sir Arthur Conan Doyle hat mit seinem Krimi „The Hound of Baskerville", in dem der Detektiv Sherlock Holmes ermittelt, das Moor berühmt gemacht und so einen weiteren Besuchermagnet geschaffen. Diese Aspekte haben auch ökonomische Folgen. So sind sie etwa gute Einnahmequellen für die anliegenden Orte und schaffen gleichzeitig Arbeitsplätze im Bereich Tourismus und Umweltbildung für die Regionen.

Vor allem die Hochmoore haben aber auch eine besondere Bedeutung für die Archäologie. Dies liegt daran, dass durch den Säuregehalt des Moores organisches Material nicht oder nur kaum abgebaut werden kann und konserviert wird. So findet man zum Teil nach mehr als tausend Jahren noch Menschen aus früheren Zeiten. In Nordwesteuropa beispielsweise sind Menschen aus der Eisenzeit entdeckt worden wie der „Tollund Man" in Dänemark oder der „Lindow Man" in England. Dadurch erhalten die Archäologen Informationen über die Kleidung, Ernährung und physischen Merkmale der Menschen und können Rückschlüsse auf das Leben und die Kultur der Menschen vor über 2000 Jahren ziehen.

Zudem ist es möglich, über die Analyse von im Torf eingelagerten Pollen und Fossilien die Vegetation und Tierwelt vergangener Zeiten zu rekonstruieren. Und diese wiederum ermöglichen es, einen Blick auf das Klima zu dieser Zeit zu erhalten (vgl. CLARKSON et al. 2013: 196).

4 Anthropogene Veränderung der Moore und Alternativen

In den letzten Kapiteln ist erörtert worden, welche Bedeutung das Moor für Mensch und Natur hat. Nun soll es darum gehen, in welchem Maß der Mensch das Moor für seine Zwecke verändert und was dies zur Folge hat. Anschließend wird eine Alternativlösung zur Nutzung der Moore vorgestellt.

4.1 Folgen der Moorentwässerung

Der Mensch verändert das Moor hauptsächlich durch Entwässerung. Diese ist nötig, um das Moor für die Landwirtschaft nutzbar zu machen oder, damit der Abbau von Torf möglich wird. Die Folgen für das Ökosystem Moor sind allerdings gravierend.

Wenn der Wasserstand im Moor abgesenkt wird, kommt es durch den Kontakt mit Sauerstoff zu Bodenbildungsprozessen, da das organische Material anfängt, sich zu zersetzen. Dies tritt bereits bei einer Absenkung des Wasserspiegels um 10 cm ein und hat irreversible Veränderungen zufolge wie den Verlust von Moorsubstanz, also Torfzersetzung. Dadurch mindert sich die Höhe des Torfes und die Oberfläche des Moores senkt sich ab bis sie den Grundwasserspiegel erreicht. Daher muss man den Wasserstand des Vorfluters ebenfalls mindern, damit der Wasserstand im Moor auf einem bestimmten Niveau bleibt. Wenn jedoch das Niveau der Moorbasis unter dem des Vorfluters liegt, ist es nicht möglich, das Moor dauerhaft zu nutzen (vgl. Landesamt für Umwelt Brandenburg 2015).

Abbildung 15 zeigt die verschiedenen Bodentypen, die bei zunehmenden Bodenbildungsprozessen durch die Entwässerung und die Sauerstoffzufuhr auftreten. Ganz links sieht man das Ried, welches unbeeinflusster Torf ist. Der Mulm dagegen ist stark verändert. Dazwischen befinden sich die verschiedenen Entwicklungsstadien des Bodens, wobei der Erdfen am besten für die Nutzung geeignet ist. Da der Prozess jedoch fortlaufend ist und nicht in einem Stadium eingefroren werden kann, entwickelt sich dieser Bodentyp zu Fenmulm und Mulm weiter. Eine Rückkehr zum Erdfen ist unmöglich und das Moor dauerhaft zerstört.

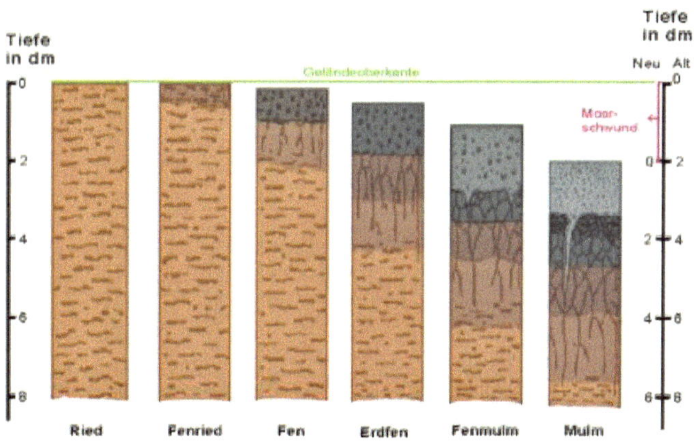

Abbildung 16: Verschiedene Stadien der Bodenbildung bei Entwässerung

Quelle: Landesamt für Umwelt Brandenburg 2015

Neben der Bodenbildung gibt es noch drei weitere Prozesse, die enorm zur Verschlechterung der Eigenschaften und dadurch der Nutzung des Moorbodens führen. Da wäre als erstes die Sackung und Bodenverdichtung. Diese tritt auf, weil durch den Wasserentzug im Moor die Auftriebskraft fehlt, die normalerweise entgegen der Gewichtskraft des Moorsubstrats wirkt. Dadurch setzt sich der Moorboden und verdichtet sich. Wenn man das Moor renaturiert und den Wasserstand erhöht, hebt sich die Mooroberfläche zwar wieder, jedoch kann der ursprüngliche Zustand nicht mehr erreicht werden. Der zweite Prozess ist der der Schrumpfung. Dadurch, dass die Bodenporen nicht mehr mit Wasser gefüllt sind, liegen die Festbestandteile näher zusammen und das Volumen verringert sich. Auch hier kann nach einer Flutung mit Wasser der Ausgangszustand trotz einer Quellung nicht wieder hergestellt werden. Beim letzten Prozess, dem Torfschwund, geht echte Festsubstanz verloren. Das organische Material baut sich durch den Kontakt mit Sauerstoff und Mikroorganismen vollständig ab. Dabei entstehen Gase und mineralische Bestandteile, weswegen der Vorgang auch Mineralisierung genannt wird. Zwei der Gase, die dabei entstehen, sind Kohlenstoffdioxid und Lachgas, welche wiederum einen negativen Einfluss auf das Klima haben. Außerdem kommt es zu einer Reliefierung der Mooroberfläche, die üblicherweise eben ist, und es werden Nährstoffe aus dem Boden ausgewaschen. Diese stehen dann bei der landwirtschaftlichen Nutzung des Moores nicht mehr zur Verfügung und belasten die umliegenden Gewässer. Zudem kann es in circa 20 cm Tiefe zu Staunässe kommen. Da diese aber unterhalb der Wurzelzonen liegt, können die Wurzeln das Wasser nicht aufnehmend und es findet keine vertikale Bodenwasserbewegung mehr statt (vgl. Landesamt für Umwelt Brandenburg 2015).

4.2 Alternative: Paludikultur

Um genau solche Vorgänge zu verhindern, aber trotzdem das Moor nutzen zu können, gibt es eine Alternativlösung: die Paludikultur. Sie ist „die land- oder forstwirtschaftliche Nutzung nasser oder wiedervernässter Moorstandorte. Paludikultur nutzt die auf Mooren aufwachsende oder angebaute Biomasse bei gleichzeitiger Torfbildung oder zumindest dem Erhalt des Torfkörpers“ (WICHTMANN et al. 2016: 1). Damit werden der zusätzliche Ausstoß von Treibhausgasen und der Austrag von anderen Stoffen verhindert oder verringert und die Ökosystemdienstleistungen bewahrt oder reaktiviert. Dieses Konzept ist vor allem deswegen von Vorteil, da es auf der ganzen Welt angewendet werden kann und viele verschiedene Pflanzen angebaut werden können. In Mitteleuropa beispielsweise kann man in renaturierten Niedermooren Gräser wie Röhrichte und Riede oder Nasswiesen anbauen und diese zur Energiegewinnung nutzen. Außerdem lassen sich Erlen anpflanzen, um das Holz zu verwerten. In Hochmooren dagegen können Gartenbau-Substrate produziert werden, indem man Torfmoos anbaut. Damit das umweltfreundliche Prinzip der Paludikultur die land- und forstwirtschaftliche Nutzung von entwässerten Mooren ersetzen kann, muss es auch ökonomische Anreize haben. So erhalten die Bewirtschafter neben ihrem Gewinn aus dem Verkauf der Biomasse auch andere Leistungen wie Kohlenstoffzertifikate und Geld über den Vertragsnaturschutz. Außerdem gibt es Prämien wie die Ökolandbauprämie, die eine solche Nutzung zusätzlich attraktiver gestalten (vgl. WICHTMANN et al. 2016: 1 f.).

5 Zusammenfassung

In den letzten Kapiteln ist deutlich geworden, wie wichtig die Moore für Mensch und Natur sind und damit auch ihr Schutz. Die enorme Speicherung von Kohlenstoff spielt dabei eine sehr wichtige Rolle, wenn man bedenkt, dass weltweit circa 430 bis 550 Gigatonnen festgelegt sind bei einem jährlichen Ausstoß von Treibhausgasen mit einer CO_2-Äquivalenz von zwei bis drei Milliarden Tonnen (vgl. KÖBBING et al. 2012: 1). Ebenfalls einen kühlenden Einfluss auf das Klima hat die Wasserspeicherfähigkeit der Moore, wodurch sich die Umgebung aufgrund der hohen Wärmekapazität des Wassers langsamer erwärmt. Diese beiden Aspekte sollten besonders bedacht werden, wenn man erwägt, ein Moor zu nutzen. Denn nach dem United Nations Intergovernmental Panel on Climate Change (IPCC) hat die Klimaerwärmung seit Mitte des 20. Jahrhunderts deutlich zugenommen und zwar dadurch, dass die Menschen mehr Treibhausgase ausstoßen – auch durch die Entwässerung von Mooren. Die Folgen davon sind ein Anstieg der Meeresspiegel, wärmere Temperaturen, häufigere Starkregen und längere Dürren. Und dies tritt vor allem dort auf, wo Trockenheit oder Hochwasser auch jetzt schon Probleme bereiten. Bis zum Ende des Jahrhunderts soll sogar ein hundertjähriges Hochwasser bereits einmal in fünfzig Jahren auftreten (vgl. CLARKSON et al. 2013: 195).

Wie man sieht, ist also der Schutz der Moore ein wichtiger Faktor beim Klimaschutz. Mögliche Lösungen wären der Stopp von Entwässerung und stattdessen Renaturierung sowie die Einschränkung des Torfabbaus und dafür Paludikultur zum Anbau energiebringender Pflanzen. Dadurch könnten die Moore erhalten werden und auch in Zukunft noch mit ihrer Mystik die Landschaft prägen.

III Literaturverzeichnis

Aktion Moorschutz (2017): Torfabbau in Niedersachsen. Online verfügbar unter https://www.aktion-moorschutz.de/moor-infos/nutzung/torfabbau.html (09.01.2018).

Austria-Forum (2016): Rundblättriger Sonnentau. Online verfügbar unter https://austria-forum.org/af/Wissenssammlungen/Flora/Rundbl%C3%A4ttriger_Sonnentau (09.01.2018).

BRODOWSKI (o. J.): Konflikte einer Sumpfohreule. Online verfügbar unter http://www.natur-beobachtungen.de/beobachtungen/eule-und-fuchs.html (09.01.2018).

CLARKSON, Beverley R.; AUSSEIL, Anne-Gaelle E. & GERBEAUX, Philippe (2013): Wetland ecosystem services. In: DYMOND, JR (HRSG.): Ecosystem services in New Zealand - conditions and trends. Lincoln: Manaaki Whenua Press.

Dartmoor National Park Authority (2017): Dartmoor National Park. Online verfügbar unter http://www.dartmoor.gov.uk/ (04.01.2018).

ELLENBERG, Heinz (Hrsg.) (1973): Ökosystemforschung. Ergebnisse von Symposien der Deutschen Botanischen Gesellschaft und der Gesellschaft für Angewandte Botanik in Innsbruck, Juli 1971. Berlin, Heidelberg: Springer Berlin Heidelberg.

Fokus Natur (2014): Hochmoor-Perlmutterfalter (Boloria aquilonaris). Online verfügbar unter http://www.fokus-natur.de/bilder/schmetterlinge/hochmoor_perlmutterfalter-boloria_aquilonaris-42315.html (09.01.2018).

Geo (2017): Die besten Leserfotos: April 2017. Online verfügbar unter https://www.geo.de/mitmachen/leserfoto/16084-bstr-die-besten-leserfotos-april-2017/222070-img- (09.01.2018).

GERJETS, Detlef (1994): Flora und Fauna. In: ROLFES, Willi & GERJETS, Detlef (Hrsg.): Faszination Moor. Lebensraum der Gegensätze (1. Auflage). Fischerhude: Kallhardt: 34–55.

GÖTTKE-KROGMANN, Helmut (1994): Moorkultivierung und Nutzung. In: ROLFES, Willi & GERJETS, Detlef (Hrsg.): Faszination Moor. Lebensraum der Gegensätze (1. Auflage). Fischerhude: Kallhardt: 22–33.

HEYER, Julia & SCHAUMBERG, Klaus (2014): Moorentstehung, Moortypen, ökologische Funktion von Mooren, Moorsanierung. In: FASSL, Peter & KETTEMANN, Otto (Hrsg.): Mensch und Moor. Zur Geschichte der Moornutzung in Bayern ; Begleitband zur gleichnamigen Ausstellung. Kronburg-Illerbeuren: Zweckverband Schwäbisches Bauernhofmuseum Illerbeuren: 349–361.

HOLSTEN, Bettina & TREPEL, Michael (2016): Nährstoffhaushalt und Gewässerschutz. In: WICHTMANN, Wendelin et al. (Hrsg.): Paludikultur - Bewirtschaftung nasser Moore. Klimaschutz - Biodiversität - Regionale Wertschöpfung. Stuttgart: E. Schweizerbart'sche Verlagsbuchhandlung: 106–108.

Infoportal Moorschutz in Deutschland (o. J.): Ökosystemdienstleistungen. Online verfügbar unter http://www.moorschutz-deutschland.de/index.php?id=249 (16.12.2017).

JOOSTEN, Hans (2016): Peatlands across the globe. In: BONN, Aletta et al. (Hrsg.): Peatland Restoration and Ecosystem Services. Science, Policy and Practice. Cambridge: Cambridge University Press: 19–43.

KAULE, Giselher; BURMEISTER, Ernst-Gerhard; GÖTTLICH, Karlhans & GROSPIETSCH, Theodor (1990): Begriffsbestimmungen anhand der Moortypen Mitteleuropas. In: GÖTTLICH, Karlhans (Hrsg.): Moor- und Torfkunde (3. Auflage). Stuttgart: E. Schweizerbart'sche Verlagsbuchhandlung: 1–28.

KÖBBING, Jan Felix; GROTH, Markus & OHEIMB, Goddert von (2012): Klimaschutz durch Moorrenaturierung. Ansätze zur ökonomischen Bewertung. Stuttgart: ibidem.

Landesamt für Umwelt Brandenburg (2015): Moorzerstörung. Online verfügbar unter http://www.lfu.brandenburg.de/cms/detail.php/bb1.c.394380.de?highlight=moorzerst%C3%B6rung (16.12.2017).

Lüneburger Heide GmbH (o. J.): Das Birkhuhn - ein "Schuhplattler" im Flachland. Online verfügbar unter https://www.lueneburger-heide.de/natur/artikel/12710/birkhuhn-ein-schuhplatterler-im-flachland.html (11.01.2018).

MALTBY, Edward & ACREMAN, Mike C. (2011): Ecosystem services of wetlands: pathfinder for a new paradigm. In: Hydrological Sciences Journal, 56 (8): 1341–1359.

MOESER (2009): Lanschaft Pur. Skandinavien 2009. Online verfügbar unter http://berndmoeser.magix.net/public/history85.html (09.01.2018).

Moorland (o. J.): Torfmoose. Online verfügbar unter http://www.moorland.de/index.php?id=56 (09.01.2018).

Myheimat (o. J.): Eine Brockenwanderung - Unterwegs im Nationalpark Harz. Online verfügbar unter https://www.myheimat.de/schierke/freizeit/pfeifengras-ist-eine-charakteristische-moorpflanze-m2893025,2559260.html (09.01.2018).

RELLER, Armin & DIEßENBACHER, Joshena (2014): Moor und Ökologie. In: FASSL, Peter & KETTEMANN, Otto (Hrsg.): Mensch und Moor. Zur Geschichte der Moornutzung in Bayern ; Begleitband zur gleichnamigen Ausstellung. Kronburg-Illerbeuren: Zweckverband Schwäbisches Bauernhofmuseum Illerbeuren: 315–319.

SCHLOTTMAN (2009): Großer Brachvogel. Online verfügbar unter https://naturfotografen-forum.de/o225796-Gro%C3%9Fer%20Brachvogel (09.01.2018).

SCHMITT, Elisabeth; SCHMITT, Thomas; GLAWION, Rainer & KLINK, Hans-Jürgen (2012): Biogeographie (1. Auflage). Braunschweig: Westermann.

Stiftung Donaumoos Freilichtmuseum und Umweltbildungsstätte (o. J.): Haus im Moos. Online verfügbar unter http://www.haus-im-moos.de/ (04.01.2018).

SUCCOW & JESCHKE (1990): Moore in der Landschaft: Entstehung, Haushalt, Lebewelt, Verbreitung, Nutzung und Erhaltung der Moore. Online verfügbar unter https://de.wikipedia.org/wiki/Datei:Moorverbreitung.png (09.01.2018).

SUCCOW, Michael & JOOSTEN, Hans (2001): Zum Begriff "Moor" und vom Wesen der Moore. In: SUCCOW, Michael & JOOSTEN, Hans (Hrsg.): Lanschaftsökologische Moorkunde (2. Auflage). Stuttgart: E. Schweizerbart'sche Verlagsbuchhandlung: 2–3.

TURUNEN, Jukka (1999): Carbon Accumulation of Natural Mire Ecosystems in Finland - Application to Boreal and Subarctic Mires. Dissertation. UNIVERSITY OF JOENSUU. Department of Biology. Joensuu.

WAHREN, Andreas; BRUST, Kristina; DITTRICH, Ingo & EDOM, Frank (2016): Regionalklima und Landschaftswasserhaushalt. In: WICHTMANN, Wendelin et al. (Hrsg.): Paludikultur - Bewirtschaftung nasser Moore. Klimaschutz - Biodiversität - Regionale Wertschöpfung. Stuttgart: E. Schweizerbart'sche Verlagsbuchhandlung: 102–105.

WICHTMANN, Wendelin; SCHRÖDER, Christian & JOOSTEN, Hans (2016): Paludikultur als integrative Systemlösung. In: WICHTMANN, Wendelin et al. (Hrsg.): Paludikultur - Bewirtschaftung nasser Moore. Klimaschutz - Biodiversität - Regionale Wertschöpfung. Stuttgart: E. Schweizerbart'sche Verlagsbuchhandlung: 1–2.

Wikipedia (2006): Moltebeere. Online verfügbar unter https://de.wikipedia.org/wiki/Moltebeere#/media/File:Hjortron.png (09.01.2018).

ZUMFT, Walter G. (1997): Cell Biology and Molecular Basis of Denitrification. In: Microbiology and Molecular Biology Reviews, 61 (4): 533–616.